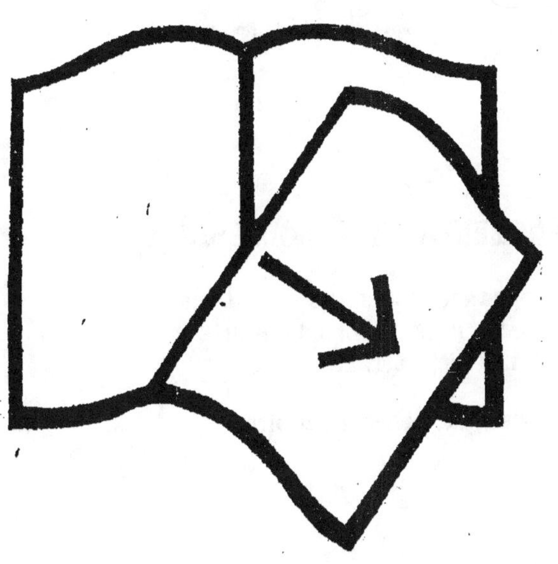

Couvertures supérieure et inférieure
manquantes

DE
QUELQUES PHÉNOMÈNES MÉTÉOROLOGIQUES,

VENTS ALIZÉS, COURANTS GÉNÉRAUX DE LA MER, GIBOULÉES, VENTS IRRÉGULIERS PRODUITS PAR LES AÉROLITHES,

Par M. De Méissas, Membre titulaire.

—

Messieurs,

Je demande la permission de vous entretenir aujourd'hui de quelques phénomènes météorologiques, en les rattachant autant que possible, non pas à leur première cause, mais à la première des causes, à la cause la plus radicale que nous leur connaissions. Et si je suis forcé de remonter, comme Petit-Jean, au delà de la création du monde, le déluge ne se fera pas attendre longtemps.

Préliminaires. — En parcourant le cercle des connaissances humaines, on ne tarde pas à se convaincre que chaque science a des mystères impénétrables ; au dessus de toutes il plane une puissance infinie, qui ne nous laisse atteindre qu'à la hauteur nécessaire pour reconnaître son existence et contempler ses admirables prévisions. Tous nos efforts pour dépasser cette limite sont couronnées d'une impuissance absolue.

Les mathématiques pures, dont les principes les plus importants ont été posés par Descartes, dans sa célèbre application de l'algèbre à la géométrie, furent portées plus tard, par Leibnitz, à leur dernière limite dans la découverte du calcul infinitésimal.

Les bases de l'astronomie ont été posées par Képler, dans la découverte des lois qui portent son nom. Et Newton, en appliquant le calcul à ces lois, a reconnu la gravitation universelle, point culminant des théories astronomiques.

Lagrange a fixé les limites de la mécanique. Depuis lui, l'on n'essaye pas même de découvrir de nouvelles théories dans cette science, qui n'est plus un objet de recherches que sous le rapport de ses applications.

D'illustres savants modernes ont reconnu les grandes lois de la physique et de la chimie ; et dans celles de la physique, ils ont constaté que les idées profondément ingénieuses de Descartes, sur le mode de propagation de la lumière, étaient les seules qui pussent donner la clef des nombreux phénomènes produits par cet agent mystérieux de la nature.

Depuis ces hommes éminents, auxquels il semble que les secrets de la nature aient été révélés pour nous les transmettre, les savants n'ont rien découvert qui ne puisse être rattaché aux principes qu'ils avaient énoncés.

Il est donc peu probable que l'on puisse à l'avenir faire faire de grands progrès à la partie théorique des sciences relatives à la matière brute. Il ne reste, en quelque sorte, qu'à les perfectionner dans leurs détails ; et pour y parvenir, il faut les mettre à la portée de toutes les intelligences.

Or, tel est heureusement l'état actuel de l'esprit humain, que l'intelligence, autrefois concentrée dans un petit nombre de fortes têtes, se dissémine de plus en plus, et s'accroît en se disséminant, de façon à former encore une dose suffisante pour chacun des co-partageants. La propagation des sciences devient de plus en plus facile ; et les bons sentiments que leur étude inspire, lorsqu'elle est envisagée sous son véritable point de vue, doit engager les hommes éclairés à favoriser cette étude de tout leur pouvoir.

Le point de vue dont il ne faut plus s'écarter est la connaissance des faits, leur dépendance mutuelle et les avantages qui en résultent pour le genre humain. Depuis que nous sommes entrés dans cette voie, la science marche à pas de géants, et ce que des théories purement spéculatives ne pouvaient nous faire découvrir, l'observation, aidée de la raison, agissant dans les simples limites du bon sens, le met en évidence, et manifeste des lois tellement simples et claires qu'il est impossible d'en contester les conséquences.

En un mot, observer la nature et réfléchir, suffit maintenant à toute personne qui possède les premiers éléments des sciences, pour arriver à connaître les grands phénomènes qui s'accomplissent dans l'univers, comprendre la cause immédiate de ceux qu'il nous est permis d'expliquer, et puiser dans leur contemplation des sentiments élevés dont une étude purement abstraite éloigne souvent plutôt qu'elle ne les inspire.

L'étude des productions et des phénomènes de la nature, disait le célèbre abbé Haüy, ne se borne pas à éclairer l'esprit ; elle remue le cœur, en y faisant naître des sentiments de respect et d'admiration à la vue de tant de merveilles qui portent des caractères si visibles d'une puissance et d'une sagesse infinies. Telle était la disposition du grand Newton, lorsqu'après avoir considéré les rapports qui lient partout les effets aux causes, et font concourir tous les détails à l'harmonie de l'ensemble, il s'élevait jusqu'à l'idée d'un créateur et d'un premier moteur de la matière, en se demandant à lui-même pourquoi la nature ne fait rien en vain ; d'où vient que le soleil et les planètes gravitent les uns vers les autres sans aucune matière dense intermédiaire ; comment il serait possible que l'œil eût été construit sans la science de l'optique, et l'organe de l'ouïe sans l'intelligence des sons ?

A ces réflexions si judicieuses l'on peut ajouter que depuis Newton l'univers s'est considérablement agrandi pour nous, et que plus on le sonde, plus la puissance de Dieu nous paraît imposante.

Bien qu'il y ait de la présomption à vouloir trop approfondir les mystères de la Création ; toujours est-il que dans les limites assignées aux investigations de l'esprit humain se trouve comprise une prodigieuse quantité de faits dont nos théories embrassent un très grand nombre, nous permettant ainsi de les classer dans notre mémoire et d'en tirer des avantages incontestables.

Météorologie. — La météorologie, malgré l'incohérence apparente des phénomènes qu'elle nous présente, occupe un rang important parmi les sciences les plus utiles, non seulement par la facilité qu'elle nous donne de prévoir, dans un grand nombre de cas, les circonstances atmosphériques qui exercent une si grande influence sur les productions du sol et sur la santé, mais encore parce qu'elle contribue puissamment à détruire les superstitions, jadis si fort enracinées, et provenant, pour la plupart, de causes naturelles mais ignorées.

La météorologie est la science des météores. Or, le mot grec *météoros* signifiant *élevé*, les anciens appelaient *météores* tous les phénomènes et tous les objets remarquables qui s'observent au dessus de la terre. Aristote, cependant, en avait séparé les planètes et les étoiles, à cause de la régularité de leurs mouvements. Les comètes en furent séparées à leur tour, lorsqu'on eût reconnu que leurs mouvements sont assujettis à des lois constantes, et l'on ne rangea plus dès lors parmi les météores que les phénomènes qui prennent naissance dans notre atmosphère, qui n'en sont en quelque sorte que des modifications, et qui se produisent sans aucune régularité apparente. Mais comme ces phénomènes aériens ont évidemment, au moins dans un grand nombre de cas, une connexion immédiate avec d'autres qui s'accomplissent dans la terre ou qui y ont leur origine, on a depuis agrandi le sens du mot météore, et nous comprendrons sous cette dénomination tout ce qui a rapport à la température du Globe et de son atmosphère, à l'humidité, à la sécheresse, aux vents et autres phénomènes terrestres ou aériens, dans lesquels la chaleur, l'électricité ou la lumière jouent quelque rôle, qui se manifestent d'une manière sensible pour tout le monde, et qui ne sont point assujétis à se reproduire périodiquement à des époques fixes et bien constatées.

Origine des Corps célestes. — Pour expliquer ces phénomènes, et nous mettre autant que possible à même de les prévoir, il faut en chercher la source, ou ce qu'on est convenu d'appeler la cause première. Nous ne pouvons remonter à cette source qu'en franchissant des espaces et des temps dont l'étendue effraie l'imagination.

On sait aujourd'hui que la distance du soleil à la terre est de 38,000,000 de nos lieues modernes. Pour concevoir combien cette distance est énorme, qu'on se représente la vitesse des locomotives qui font ordinairement 10 lieues par heure. Hé bien ! une pareille machine, cheminant constamment avec la même rapidité, mettrait plus de quatre siècles à parcourir le trajet de la terre au soleil. Un voyageur, parti en poste de la terre, à la naissance de Jésus-Christ, pour annoncer cette grande nouvelle au soleil, serait à peine aujourd'hui rendu à sa destination. Enfin, un boulet de canon, lancé avec son maximum de vitesse, n'atteindrait pas le soleil en 12 ans.

Il est cependant bien avéré que la lumière parcourt ces 38,000,000 de lieues en moins de 9 minutes, franchissant ainsi par seconde 77,000 lieues ; c'est-à-dire qu'elle va près de 28,000,000 de fois aussi vite qu'une locomotive.

Malgré cette atterrante rapidité de la lumière, elle met cependant plus de trois ans à nous parvenir de l'étoile la plus voisine, laquelle est ainsi plus de 206,000 fois aussi éloignée que le soleil. C'est assurément là un singulier voisinage ; cependant le mot est très-convenable relativement aux plus petites étoiles que nous puissions distinguer, et dont la lumière ne peut nous parvenir en moins de trois ou quatre mille ans, nous apportant ainsi , suivant l'heureuse expression de notre illustre Arago , l'histoire très ancienne de ces mondes lointains.

Ce sont là des faits constatés ; et cependant il est permis d'agrandir encore la sphère d'enceinte des astres distincts, et de dire qu'il est telles étoiles visibles pour lesquelles on peut, sinon positivement affirmer, du moins présumer avec de grandes chances de certitude que leur lumière ne nous parvient pas en moins de 100,000 ans. Mais en nous en tenant même à la moindre distance, laquelle est bien positivement avérée, l'on arrive à des nombres tels que nulle imagination ne peut les concevoir.

Toutes ces étoiles perceptibles, dont le nombre est incalculable, ne sont cependant que des éléments d'un système auquel appartient notre soleil avec son cortége de planètes, et dans lequel il ne figure que comme une des moindres étoiles.

Au delà, et bien au delà de ce système qui embrasse toute la voie lactée, à des distances auxquelles, malgré son effrayante étendue, il paraîtrait lui-même réduit à des dimensions imperceptibles, l'œil distingue parfois des taches, mais de simples taches lumineuses, dont les puissants télescopes de nos astronomes ont singulièrement multiplié le nombre, car on en compte aujourd'hui plusieurs milliers.

Ces taches, ou *nébuleuses*, examinées avec soin, ont conduit à une conséquence capitale : c'est qu'une matière lumineuse et phosphorescente existe disséminée dans l'immensité de l'espace, à la manière d'un nuage ou d'un brouillard, tantôt revêtant des formes capricieuses, comme les nuages véritables chassés par les vents, tantôt se concentrant autour de certaines étoiles à la manière des atmosphères des comètes. Dans certains points du ciel, cette matière se montre répandue uniformément et sans présenter de points de condensation remarquables. Dans d'autres nébuleuses, cette matière est faiblement condensée autour d'un ou de plusieurs noyaux peu brillants. Dans d'autres ces noyaux brillent davantage relativement à la nébulosité qui les environne. Les atmosphères de chaque noyau venant à se séparer par une condensation ultérieure, il en résulte des nébuleuses multiples formées de noyaux brillants très voisins et environnés chacun d'une atmosphère, comme on en observe plusieurs. Toutes ces nébuleuses, par un plus grand degré de condensation, se transforment en étoiles simples et groupées.

On ne peut se refuser à reconnaître dans ces faits la formation graduelle des corps célestes. On en suit tous les progrès, non sur le même corps, mais d'une nébuleuse à l'autre, depuis l'état de simple vapeur jusqu'à celui de la solidification la plus complète. Le ciel est pour nous un muséum où nous voyons étalés tous les âges des astres, comme dans un cabinet d'anatomie l'on nous montre toutes les transitions du fœtus à l'animal parfait. Nous assistons vraiment à la création du monde! Comment contester maintenant que la lumière ait pu être séparée des ténèbres avant la formation du soleil? Cette lumière, nous la voyons flotter au milieu d'une obscurité profonde! C'est elle dont la condensation progressive autour des points où s'exerce une affinité prépondérante, forme ces globes destinés à servir de siége pour la vie. L'Eternel commande: à sa voix la matière accourt s'agglomérer autour du noyau qui lui est assigné pour centre; ses éléments rapprochés se combinent de mille et mille manières ; les parties solidifiées se séparent de celles qui sont encore liquides ; la portion demeurée gazeuse enveloppe le tout.

Bien que le nombre des corps ainsi formés et visibles dépasse de beaucoup toute énumération possible, il paraît cependant que l'espace est sillonné par un plus grand nombre encore que leur petitesse, leur éloignement ou leur obscurité dérobent à notre vue, et c'est ici l'un des points sur lesquels il importe le plus en ce moment de fixer notre attention.

De ces régions lointaines, où Dieu nous a permis de plonger nos regards pour y découvrir les agents que sa main puissante met en jeu dans tout l'univers, descendons sur la terre, et cherchons-y les conséquences des investigations astronomiques. Nous nous trouverons maintenant bien à l'étroit et bien petits sur notre modeste planète. Mais nous nous consolerons à la fois de notre exil et de notre infimité par la prodigieuse beauté du spectacle dont nous y sommes témoins, et par la conviction que si le Créateur de toutes choses n'avait pas eu sur nous des vues plus élevées que sur les simples brutes, il ne nous aurait pas plus permis qu'à elles de sonder et de contempler toute l'étendue de sa puissance. Alexandre étouffait en Asie ; un plus illustre potentat moderne étouffait en Europe ; l'observateur de la nature respire partout l'air de l'immensité.

Constitution du Globe. — Si notre globe a primitivement été gazeux, la condensation successive de ses éléments a dû les faire passer par l'état liquide avant d'atteindre la solidification. On pourrait dire, à la vérité,

*

que les affinités chimiques ont dû produire parfois directement des combinaisons solides ; et cela serait incontestable, si la température eût été suffisamment abaissée. Mais il ne paraît pas qu'il en ait été ainsi pour la terre, car les recherches des astronomes, des mathématiciens et des géologues, les ont conduits par des voies totalement différentes à des conséquences tellement identiques que nul homme instruit n'oserait maintenant les contester.

Les substances les moins gazéifiables auront dû se se liquéfier les premières et constituer un noyau liquide, enveloppé d'abord d'une atmosphère immense, qui déposa successivement les divers éléments dont elle était surchargée. D'autre part, le rayonnement de la chaleur dans le vide de l'espace a dû, dans la suite des siècles, refroidir le noyau et former une croûte à sa surface. Cette croûte augmentant extérieurement par les dépôts de l'atmosphère et du liquide que son refroidissement continu avait de nouveau formé, a pris cette constitution stratifiée si bien constatée par la géologie, malgré les nombreuses révolutions qu'elle a dû subir.

La croûte adhérait primitivement au noyau liquide qui l'augmentait de son côté par le refroidissement des matières adhérentes, et formait ainsi les terrains primitifs tels que le *granite* et le *gneiss* dont l'origine est évidemment ignée. Mais à la longue, ce noyau central se refroidissant toujours, et subissant la loi de contraction commune à tous les corps dont la température diminue, s'est contracté au point de ne plus offrir un support suffisant à la croûte que son poids aura fait fléchir dans les points les moins résistants et relever dans les autres parties, par suite de l'amoindrissement du volume sphérique sous une surface constante. De là l'origine des vallées et des montagnes primitives encore peu élevées, telles que les Vosges dont nous sommes si voisins.

Un nouvel accroissement de la croûte par la continuation des dépôts atmosphériques, de ceux des mers contemporaines ou des déjections volcaniques, suivi d'une nouvelle contraction du noyau, produisit un nouvel affaissement; par suite, de nouvelles vallées et de nouvelles montagnes plus considérables que les premières, puisqu'elles provenaient du plissement d'une masse plus épaisse. De pareils phénomènes se sont produits un assez grand nombre de fois ; les géologues connaissent aujourd'hui l'ordre dans lequel ils se sont succédé, et les principales chaînes auxquelles chacun d'eux a donné lieu. Les plus considérables de ces chaînes sont les plus récentes, et la grande Cordilière des Andes paraît être la dernière de toutes.

Ce n'est point ici le lieu d'approfondir des matières qui sont du ressort d'une science toute spéciale ; notre objet étant seulement d'y puiser les principes de la météorologie, nous admettrons ces faits comme bien établis, car malgré leur singularité et leur peu de vraisemblance, ils ne sont plus aujourd'hui l'objet d'un doute pour les savants ; et par savants nous n'entendons pas seulement quelques hommes privilégiés ou fascinés par leurs rêveries, mais tous les hommes sensés qui se sont tant soit peu livrés à l'étude de la nature, à la sérieuse observation des faits.

Le globe terrestre sera donc pour nous composé d'une écorce solide, d'environ vingt lieues d'épaisseur, plus ou moins, peu importe pour notre objet. Au dessous de cette écorce est un noyau liquide incandescent, dont les éléments, par leurs réactions mutuelles, donnent souvent naissance à des émanations gazeuses assez abondantes pour ébranler l'écorce et s'y pratiquer des soupiraux qui constituent les volcans. Cette écorce est recouverte en partie par une masse liquide qui constitue la mer, et contribue si puissamment à l'existence de tous les corps organisés.

Au dessus du tout est l'atmosphère, dont l'épaisseur sensible ne s'étend pas au delà de vingt lieues. Cette atmosphère se compose actuellement de soixante-dix-neuf parties d'azote et de vingt-et-une d'oxigène; elle contient en outre quelques millièmes d'acide carbonique et les émanations gazeuses qui s'échappent du sol ou qui se produisent à sa surface, mais qui forment toujours une très petite portion de la masse entière. Enfin, elle contient aussi de l'eau en plus ou moins grande quantité, à l'état de dissolution ou sous la forme de vapeurs visibles, et cette circonstance nous donnera l'explication des phénomènes les plus importants.

Le poids de l'atmosphère équivaut à celui d'une couche d'eau de plus de dix mètres d'épaisseur. Sa densité au niveau du sol est telle qu'un mètre cube d'air pèse environ treize cents grammes; de sorte que le poids de l'air contenu dans une chambre de dix mètres de longueur, sur dix mètres de largeur et six de hauteur (telle à peu près que celle-ci) pèserait près de huit cents kilogrammes, et suffirait pour la charge de trois ou quatre chevaux. On conçoit aisément qu'une pareille masse, animée d'un mouvement rapide, doit produire des effets considérables.

Vents alizés. — Si rien ne troublait l'équilibre de l'atmosphère, elle formerait une couche de forme invariable autour de la terre. Mais le soleil, toujours placé dans le voisinage de l'équateur, y raréfie par sa chaleur les colonnes d'air, et les élève au dessus de leur véritable niveau. Les parties supérieures doivent retomber ensuite par leur propre poids et s'écouler vers les pôles, au dessus de l'air environnant ; en même temps, l'air frais des régions polaires survient dans la partie inférieure pour combler le vide des régions équatoriales, et produit un courant dans le sens du méridien. Mais la terre, tournant sur son axe d'Occident en Orient, a vers l'équateur un mouvement plus rapide dans ce sens que vers les pôles. Le courant d'air qui arrive des pôles, n'étant animé que du mouvement des régions d'où il arrive, doit, en s'avançant vers l'équateur, tourner plus lentement que les parties correspondantes de la terre. Les corps placés à la surface du sol doivent alors frapper l'air avec l'excès de leur vitesse, et en éprouver une action pareille à celle d'un vent qui soufflerait de l'est à l'ouest.

Cet effet que produisent les vents alizés, si bien expliqués par Laplace, peut être comparé à celui qu'on éprouve en chemin de fer, même par le temps le plus calme : en mettant la tête à la portière, on éprouve toujours la même sensation que produirait un courant d'air venant en sens contraire du mouvement du convoi ; ce n'est point alors l'air qui vient frapper la personne, mais bien la personne qui frappe l'air.

Les parties supérieures de l'atmosphère qui s'écoulent de l'équateur vers les pôles produisent des vents inverses des alizés dans les hautes régions; car cet air étant animé d'une plus grande vitesse de rotation de l'ouest à l'est que l'air inférieur, doit produire un contre-courant dont l'existence a souvent été constatée. Ce contre-courant se fait sentir constamment au sommet du pic de Ténériffe avec une telle violence que M. de Humboldt pouvait à peine se tenir sur ses pieds, lorsqu'il alla visiter le cratère du volcan.

En s'éloignant de l'équateur, le contre-courant devient de plus en plus prépondérant sur les vents alizés, et refoule l'air inférieur de façon à produire les vents d'ouest et de sud-ouest qui sont les plus fréquents dans nos contrées.

De nombreuses causes locales, en partie connues, peuvent modifier les vents alizés et leurs inverses; mais nous n'insisterons pas davantage, pour le moment, sur ces mouvements généraux de l'atmosphère, ce que nous venons d'en dire suffisant à l'objet que nous proposons aujourd'hui. Les mouvements réguliers, mais restreints, et les mouvements accidentels ne seront signalés qu'à mesure qu'il deviendra nécessaire de les connaître.

Courants généraux de la mer. — La mer, ou cette nappe immense d'eau salée qui environne les continents de toutes parts et pénètre en plusieurs endroits dans l'intérieur des terres, est sujette, comme l'atmosphère, à de nombreux mouvements, dont quelques-uns présentent avec les vents alizés l'analogie la plus frappante.

Parmi ces courants de direction constante, on remarque d'abord celui qui, après avoir contourné le cap de Bonne-Espérance, s'avance du midi au nord, le long de la côte occidentale de l'Afrique, jusqu'au golfe de Guinée. Là, ce courant prend une direction invariable de l'Est vers l'Ouest, des deux côtés de l'équateur, entre l'Afrique et l'Amérique, et coule avec une vitesse de plus de cinq lieues par jour. Ses eaux, en entrant dans la mer des Antilles et dans le golfe du Mexique, contournent le rivage de ce dernier et sortent, pour ainsi dire, comme un fleuve, par le canal de Bahama, au Midi de la Floride. Ce fleuve marin prolonge son cours le long des côtes de l'Amérique septentrionale, jusqu'à peu de distance au midi de Terre-Neuve, où il perd sa force et se dilate comme dans une embouchure ; mais il ne s'anéantit pas complètement, et se dirige avec une faible vitesse jusque vers les côtes de la Norwége, où il transporte beaucoup de productions de l'Amérique. De là il redescend vers l'équateur, le long des côtes de l'Europe, dont les découpures affaiblissent singulièrement son cours et lui font subir de nombreuses réflexions qui le rejettent vers le milieu de l'Océan. A la hauteur du détroit de Gibraltar, il se précipite en grande partie dans la Méditerranée, dont le niveau est sensiblement plus bas que celui de l'Océan.

Le long des côtes de l'Amérique, sa vitesse est d'une lieue par heure, sa température est beaucoup plus élevée que celle de la mer qu'il traverse ; les eaux y sont profondes, et les courants opposés qui se rencontrent sur les bords de son lit occasionnent, surtout du côté du continent, des espèces d'attérissements, d'où résultent des bancs de sable, ou tout au moins des fonds que la sonde atteint sans peine. Suivant les apparences, le banc de Terre-Neuve n'a pas d'autre origine. Les marins anglais nomment cette partie du courant *Gulph stream*, c'est-à-dire *Courant du golfe*.

Le grand courant du Pérou qui s'observe à l'Ouest de l'Amérique méridionale présente à l'égard de cette partie du monde à peu près les mêmes circonstances que le précédent à l'égard de l'Afrique.

L'analogie de ces grands courants marins avec les vents alizés nous paraît en fournir une explication très simple, et que nous regrettons de n'avoir encore vu exposée nulle part. On les attribue généralement à la chaleur équatoriale, mais leur cause principale, suivant nous, serait l'attraction du soleil et de la lune combinée avec le mouvement de rotation de la terre d'Occident en Orient. En effet, en vertu de la cause inconnue à laquelle on est convenu de donner le nom d'attraction universelle, les particules de la mer tendent sans cesse à se rapprocher du soleil et de la lune, et par cela même se dirigent vers l'Équateur; mais la rotation du globe les transportant sans cesse à l'Orient des centres d'attraction, leur mouvement doit obliquer à l'Ouest pour les diriger vers ces centres. L'énorme masse d'eau mise ainsi en mouvement dans le Grand-Océan, se dirige vers les côtes orientales de l'Afrique dont la résistance les dévie dans la mer Rouge et vers le cap de Bonne-Espérance.

On voit déjà par là pourquoi le niveau de la mer Rouge doit être plus élevé que celui de la Méditerranée. La différence, dans le voisinage de l'isthme de Suez, est de plus de 8 mètres; de sorte que la canalisation de cet isthme produirait un courant contraire à celui de Gibraltar et pourrait ainsi modifier sensiblement les phénomènes météorologiques du bassin de la Méditerranée.

Le courant dévié vers le cap de Bonne-Espérance contourne ce cap et remonte vers l'Equateur en obliquant toujours vers l'Ouest pour se rapprocher des centres d'attraction. Il rencontre ainsi le Brésil qui forme la protubérance orientale de l'Amérique du Sud. Cette protubérance le divise en deux parties, comme le cap Gardafui à l'entrée de la mer Rouge. L'une de ces parties descend vers le détroit de Magellan, qu'elle contourne pour remonter à l'Ouest du continent et concourir à former le courant du Pérou. L'autre partie passe le long de la Guyane pour s'engager dans le golfe du Mexique, dont il suffit d'examiner la figure pour comprendre comment ce courant est renvoyé vers les côtes des Etats-Unis qui le dirigent à leur tour vers la Suède.

Un courant du même genre, mais moins intense, parce qn'il vient d'une mer moins étendue, se dirige de la mer Glaciale vers le banc de Terre-Neuve à la formation duquel il a sans doute concouru.

C'est aux courants polaires des ancieus âges du globe que les géologues attribuent la dispersion des blocs erratiques, et les plus prodigieux effets des mers contemporaines sur le continent de l'Europe.

En laissant de côté toutes les causes particulières qui peuvent contrarier ou modifier ces grands courants, et parfois même les anéantir, notre conviction est que l'attraction du soleil et de la lune, jointe à la rotation de la terre et à la configuration des continents, rend un compte exact et aussi complet que possible de toutes les circonstances qu'ils présentent (1).

(1) En composant cet article, nous ne connaissions pas encore l'explication des grands courants donnée par M. Babinet. Ce savant les attribue à l'action échauffante du soleil combinée

Cause des Giboulées. — Voyons maintenant les conséquences les plus importantes pour nous, des faits qui viennent d'être exposés.

Lorsque le soleil franchit l'équateur pour se rapprocher du pôle boréal, il commence à rayonner vers nous une chaleur intense, et l'air en s'échauffant devient capable de dissoudre l'humidité dont le sol était imprégné ; aussi le temps est-il généralement clair et sec vers le milieu de Mars. Mais la température doit augmenter lentement, car on sait que la glace absorbe en fondant, et cela sans s'échauffer en aucune façon, plus des trois quarts de la chaleur qu'il faudrait pour faire bouillir un pareil poids d'eau froide. La fusion des glaces polaires doit donc enlever une quantité considérable de chaleur à l'air environnant. Le refroidissement se propage de proche en proche jusque dans nos contrées, et cette circonstance, jointe à l'évaporation de l'eau dont le sol était encore imprégné, ralentit les progrès de la chaleur, puisque l'eau pour se vaporiser absorbe, sans élévation de température, cinq fois et demie autant de chaleur qu'il en faut pour l'élever de 0° à 100°.

Voilà donc une double cause du peu de progrès que fait l'accroissement de température à mesure que le soleil se rapproche de notre zénith.

Les glaces de la mer, de même que celles de nos

dans tous les cas avec le mouvement de rotation de la terre. Mais la lecture de son mémoire ne modifie en rien notre manière de voir ; car, sans contester que, mathématiquement parlant, la chaleur solaire doit exercer une influence sur les mouvements de la mer, nous observerons que cette influence devrait se faire sentir aussi sur les marées, dans l'explication desquelles on n'en tient aucun compte, parce qu'elle est, à juste titre, regardée comme presque nulle comparativement aux effets de l'attraction.

rivières, ne fondent pas entièrement en place; il s'en détache des glaçons tellement monstrueux qu'ils ont reçu le nom de montagnes de glace; les courants polaires de l'Atlantique en entraînent un grand nombre vers le Sud, et, malgré la chaleur de plus en plus grande des latitudes qu'ils traversent, leur fusion n'est pas toujours entièrement opérée avant qu'ils atteignent des hauteurs plus *méridionales* que la France et les eaux chaudes du *Gulph stream*. Ces montagnes doivent donc refroidir beaucoup l'air qu'elles traversent, et cet air, chassé par les vents du Sud-Ouest qui dominent dans nos contrées, vient refroidir notre atmosphère saturée de l'humidité du sol qu'elle doit dès lors abandonner subitement en abondance.

Dès que le vent, dont la violence n'est jamais longtemps uniforme, vient à se ralentir, l'air échauffé par l'ardeur du soleil, redissout bientôt de nouvelles vapeurs qui sont précipitées à leur tour par de nouvelles bouffées du vent d'Ouest. Delà, ces alternatives fréquentes de pluie et de beau temps qui constituent les *giboulées*.

Dans l'intervalle de deux giboulées, le soleil est très ardent, parce que ses rayons en traversant l'atmosphère n'y sont plus aussi fortement atténués par les nombreuses réfractions qu'ils éprouvent toujours dans un air humide et trouble.

A mesure que la saison s'avance, le soleil échauffant de plus en plus l'hémisphère septentrional, les glaçons fondent plus tôt, ils n'atteignent plus des régions aussi méridionales, et les vents d'Ouest ne peuvent plus nous apporter l'air qu'ils ont refroidi; les giboulées doivent donc cesser, et c'est ce qui n'arrive ordinairement pour nous que vers la fin de Mai.

Lorsque le soleil rebrousse vers le Sud, les mêmes causes qui ralentissaient l'échauffement de l'air au printemps en ralentissent à son tour le refroidissement; les eaux de la mer en se congelant rendent à l'air toute la chaleur qu'elles lui avaient enlevée pour fondre, et la terre desséchée lui reprend la vapeur dont la liquéfaction le réchauffe à son tour : partant plus de giboulées; mais il ne faut pas dire plus de pluies, car, outre celles qui sont dues à des causes nombreuses et variées, nous en sommes toujours gratifiés vers l'époque où le soleil traverse l'équateur, soit en s'éloignant, soit en se rapprochant de nous, et cela pour des raisons d'équilibre atmosphérique que nous ne chercherons pas à développer ici.

Vents variables produits par les aérolithes. — Les vents alizés et les contre-courants qui en résultent, malgré les modifications que leur font éprouver les circonstances locales ou des causes encore inconnues, présentent dans leur ensemble une telle régularité, que leur cause assignée par notre illustre Laplace n'est plus aujourd'hui un objet de doute.

Outre ces vents réguliers, on en observe une infinité d'autres, dont quelques-uns sont tellement variables et capricieux qu'ils ont échappé jusqu'ici à toute explication. La constitution intérieure du globe doit certainement en produire un grand nombre, ainsi que nous essayerons plus tard de le prouver.

Mais il nous semble qu'au nombre de leurs causes, il y en a certainement une très puissante, presque sans cesse agissante, et à laquelle personne que nous sachions n'a encore songé. Cette cause, nous la puiserons dans les notions que nous possédons sur la constitution de l'univers.

Tout le monde a vu, et même souvent sans doute, des étoiles filantes ; mais si souvent que l'on en ait vu, il est difficile de se figurer combien elles sont nombreuses. En observant le ciel par une belle nuit, il n'est pas rare d'en voir jusqu'à plusieurs centaines en quelques heures. Les exemples que nous citerons bientôt ne laissent aucun doute à cet égard.

Sans pouvoir affirmer que toutes ces étoiles sont de la même nature, toujours est-il que bien certainement un grand nombre d'entre elles sont des corps solides dont le poids dépasse souvent plusieurs milliers et même plusieurs millions de quintaux.

Ce sont là des faits bien avérés. Le temps n'est plus où les pluies de pierres, si fréquemment citées dans les historiens et surtout dans les relations des voyageurs, étaient reléguées par nos savants au rang des absurdités insoutenables. Ce temps n'est pas loin à la vérité ; il ne remonte pas en France au delà de 1803, année dans laquelle il tomba à l'Aigle, en Normandie, une pluie de pierres considérable.

Cette pluie eut lieu le 26 Avril 1803, vers une heure après midi. Les pierres, au nombre de plusieurs milliers, étaient dispersées sur un espace ovale de près de trois lieues de longueur sur plus d'une lieue de largeur. Le grand nombre de témoins oculaires ne permettant pas de douter du fait, l'Académie des sciences fut priée de vouloir bien émettre son opinion sur un aussi singulier phénomène ; mais elle crut d'abord tout simplement que l'on voulait la mystifier. Cependant comme l'on commençait à reconnaître qu'il faut observer la nature avant de se prononcer sur ses lois, elle se décida à envoyer secrètement deux commissaires pour vérifier le fait sur les lieux mêmes, et la pluie de pierres fut complètement avérée; il était absolument impossible de confondre ces pierres tombées du ciel avec celles que le sol contenait naturellement, ou que l'on aurait pu y implanter avec intention; une analyse minutieuse fit reconnaître qu'elles étaient semblables à celles que les traditions citaient comme ayant la même origine.

Dès lors il fut recommandé à tous les savants, à tous les voyageurs de porter leur attention sur ce genre de phénomène, et d'en signaler toutes les circonstances. On examina avec plus de soin ce qu'en disaient les auteurs, et l'on parvint bientôt à être fixé sur la nature et la cause immédiate du phénomène.

Les pluies de pierres viennent des étoiles filantes, qui sont comme autant de petites planètes circulant dans l'espace et venant, pour la plupart du moins, traverser notre atmosphère; le frottement qu'elles en éprouvent, en vertu de la prodigieuse rapidité dont elles sont animées, les échauffe jusqu'à l'incandescence et en détache des parties plus ou moins considérables qui tombent sous forme de pluie.

Ce ne sont point là des conjectures; on voit la pluie tomber comme les étincelles d'une gerbe d'artifice, et je ne pourrai jamais oublier l'impression que fit un jour sur moi l'aspect de cet imposant spectacle, dont les exemples fourmillent maintenant dans les recueils d'observations scientifiques. Voici quelques-uns des plus saillants:

Le 22 Avril 1803, quatre jours avant la pluie observée à l'Aigle, de une heure à trois heures du matin, on vit, en Virginie et dans le Massachussets, des étoiles filantes tomber en si grand nombre dans toutes les directions qu'on aurait cru assister à une pluie de fusées.

Dans la nuit du 12 au 13 Novembre 1833, le nombre des étoiles filantes, observées à Boston et sur la côte orientale des États-Unis, dans une grande étendue, était si considérable que les évaluations les plus modérées en portaient le nombre à des centaines de mille. On les assimilait au nombre des flocons que l'on aperçoit dans l'air pendant une averse de neige.

Dans la nuit du 13 Novembre 1835, on vit à Lille une étoile filante plus grande et plus brillante que Jupiter ; elle laissa sur sa route une traînée lumineuse semblable en tout point à celle qui suit une fusée à baguette.

Une circonstance bien remarquable est que ces pluies de pierres n'apportent à notre globe aucun élément chimique nouveau ; d'où nous pouvons inférer que les matières qui composent l'univers, au moins dans la sphère des aérolithes, est partout la même que celle de la terre.

Les pluies de pierres sont fréquentes. Cependant les aérolithes ne tombent que très-rarement, eu égard à leur multiplicité, parce qu'ils passent à des hauteurs souvent trop grandes, et sont animés d'une trop grande vitesse, pour que la résistance de l'atmosphère suffise à leur dislocation.

Si l'on joint à la considération de leur nombre immense, celle de leur masse qui, pour l'un d'eux, a été trouvée de plus de 120 millions de quintaux, pour d'autres de beaucoup plus encore, puisqu'on en a vu qui dépassaient le volume des petites planètes, et dont le diamètre était d'au moins 30 ou 40 lieues, l'on concevra sans peine que de pareils projectiles, lancés avec des vitesses monstrueuses et venant à des intervalles rapprochés, souvent même en très grand nombre à la fois, choquer l'atmosphère dans tous les sens, doivent y occasionner des perturbations très fréquentes et très considérables, mais qu'il nous est impossible de prévoir.

Nous croyons bien sincèrement que telle est l'une des principales causes d'un grand nombre de vents irréguliers dont on n'avait pu jusqu'ici trouver aucune explication.

Autres vents variables. — La prodigieuse variété que présente le cours des vents ne nous permet pas d'entrer ici dans le détail de tout ce que comporterait ce sujet. Nous savons qu'il suffit d'un changement de température pour occasionner une variation dans le poids spécifique de l'air, et par suite le déplacement de ses couches, et que la précipitation de l'eau, lorsqu'elle quitte la forme de vapeur élastique en se condensant, produit dans l'atmosphère un vide vers lequel se porte l'air environnant. Or, on sent que ces deux causes, et d'autres que peut-être nous ne connaissons point encore, se succédant et se combinant de proche en proche d'une infinité de manières, produisent dans le règne des vents cette foule de bizarreries qui les a rendus le symbole de l'inconstance. Non seulement il souffle en même temps des vents divers dans des contrées diverses, mais dans la même contrée l'on rencontre plusieurs vents selon la hauteur à laquelle on se place. Nous en avons déjà cité un exemple en parlant des vents alizés; les ascensions aérostatiques l'ont pleinement constaté en divers lieux pour les vents variables; et c'est d'ailleurs ce dont tout le monde peut se convaincre en examinant les nuages inégalement élevés, car on les voit souvent se mouvoir dans des sens divers. L'air en circulant dans les vallées, en suivant les chaînes de montagnes, éprouve des effets analogues à ceux que les parois du lit d'une rivière exercent sur les eaux. On doit donc d'autant moins reconnaître les effets du courant principal qu'on se trouve plus loin du fil de ce courant et environné d'un plus grand nombre d'obstacles qui le modifient. Dans les régions libres, et là où les grands courants ont le plus d'effet, la régularité reparaît ; c'est ce qui a lieu pour les vents alizés et les moussons, et ce qui probablement donne une assez grande uniformité à la succession des phénomènes météorologiques dans plusieurs régions de la zône torride ; il semble même que c'est dans ces régions qu'il faut d'abord étudier la météorologie pour avoir l'espérance d'en découvrir les lois générales, altérées par une foule de causes accidentelles dans les zônes tempérées.

Les vents présentent de grandes variations dans leur vitesse et dans leur puissance ; lorsqu'ils ne parcourent que deux mille mètres par heure, ils sont à peine sensibles ; mais les ouragans qui renversent les édifices et déracinent les arbres ont quelquefois une vitesse qui dépasse cent-soixante mille mètres ou quarante lieues.

Electricité atmosphérique. — L'atmosphère est toujours chargée d'une plus ou moins grande quantité d'électricité qui joue un rôle important dans un grand nombre de phénomènes.

Dans les temps sereins, lorsqu'aucune cause perturbatrice ne vient mélanger les diverses couches d'air situées à une certaine distance de la terre, l'atmosphère est un vaste réservoir d'électricité positive, dont l'intensité est soumise à des variations qui donnent deux maxima et deux minima toutes les vingt-quatre heures. La quantité d'électricité positive qui se trouve à l'état de liberté est assez faible avant le lever du soleil ; elle augmente d'abord lentement à mesure que l'astre s'élève, puis rapidement, et arrive ordinairement à son premier maximum au bout de quelques heures. Ce premier excès diminue d'abord rapidement, ensuite lentement, par degrés en quelque sorte symétriques de ceux de son accroissement, et arrive à son minimum quelques heures avant le coucher du soleil ; il recommence à croître dès que le soleil s'approche de l'horizon, et atteint peu d'heures après son second maximum, puis diminue jusqu'au lever du soleil, pour recommencer la même série d'alternatives.

L'expérience a constaté aussi que la force de l'électricité, pour les deux maxima et les deux minima, augmente depuis le mois de Juillet jusqu'à la fin de Janvier, de sorte que la plus grande intensité a lieu en hiver, et la plus faible en été ; aussi trouve-t-on dans les mois d'hiver que, dans les jours sereins, l'augmentation de l'électricité est toujours en rapport avec l'accroissement du froid. C'est effectivement en hiver que les machines électriques fonctionnent le plus aisément. Voilà ce qui s'observe dans les couches accessibles à nos observations ordinaires, et ce qui n'est nullement en opposition avec les phénomènes qui s'accomplissent dans les hautes régions et qui produisent les orages en plus grande abondance et plus énergiquement en été qu'en hiver.

Dans les temps couverts, l'électricité libre est encore positive, et sa force toujours plus grande en hiver qu'en été. Pendant les orages, les pluies ou les chutes de neige, elle est tantôt positive, tantôt négative, et son intensité est alors beaucoup plus considérable que dans les temps sereins. Il arrive souvent qu'elle change de signe plusieurs fois dans la journée ; Volta avait observé jusqu'à quatorze de ces changements pendant un seul orage.

Son intensité varie suivant les lieux ; elle est, en général, plus forte dans les lieux les plus élevés et les plus isolés, nulle dans les maisons, sous les arbres, dans les rues, dans les cours et dans les localités renfermées de toutes parts. Elle est cependant sensible dans les villes, au milieu des grandes places, au bord des quais, principalement sur les ponts et elle y est plus forte qu'en rase campagne.

On peut aisément se rendre compte des alternatives de maximum et de minimum que nous venons de signaler. Vers la fin de la nuit, l'électricité doit avoir une très faible intensité, car l'humidité de la soirée précédente et celle de la nuit qui l'a suivie ont dû transmettre à la terre une partie de celle qui s'était accumulée dans l'air. Dès que le soleil commence à réchauffer la terre, les vapeurs s'élèvent et emportent de l'électricité positive avec elles ; dès lors l'atmosphère s'en charge de plus en plus. Quand le soleil est parvenu à un certain degré d'élévation, la chaleur augmente, l'air se dessèche et ne transmet qu'avec peine le fluide électrique accumulé dans ses couches élevées ; il en résulte que les appareils électriques, situés près de la surface de la terre, indiquent une diminution d'électricité, bien que le fluide ne cesse point de s'accumuler dans les hautes régions. Le soleil approchant de la fin de sa carrière, l'air se refroidit, devient humide, et commence à transmettre plus abondamment à la terre le fluide accumulé dans la haute atmosphère. L'intensité électrique doit donc augmenter avec l'humidité et la rosée, jusqu'à deux ou trois heures après le coucher du soleil. Enfin, quand l'air commence à s'épuiser d'humidité, l'électricité diminue de nouveau jusqu'au lendemain.

On voit par là pourquoi l'électricité de l'air serein est beaucoup moins forte en été qu'en hiver. L'air, dans le premier cas, étant chaud et sec, résiste avec plus de force à l'écoulement du fluide électrique accumulé dans les régions supérieures de l'atmosphère, tandis qu'en hiver son humidité doit produire un effet contraire. Mais l'accumulation de l'électricité libre, en été, dans les hautes régions, n'en est pas moins certainement l'une des causes de la fréquence des orages dans cette saison.

L'évaporation continuelle de l'eau à la surface du globe, les phénomènes de la végétation, les variations de température, le froissement des couches d'air sont autant de causes qui concourent à la production de cette énorme quantité d'électricité qui se trouve toujours à l'état libre dans l'atmosphère, quand le ciel est serein. On sait, en effet, que les changements d'état de l'eau pure ne troublent pas sensiblement l'équilibre des deux électricités; mais que, si ce liquide tient en dissolution des gaz, des acides, des alcalis ou des sels, même en petite quantité, la vapeur, en s'échappant, emporte avec elle un excès d'électricité négative ou positive, négative avec un acide, positive avec un alcali ou un sel ; la solution conserve l'électricité contraire. Or, les eaux qui se trouvent à la surface de la terre, dans les bassins des mers, dans les lits des fleuves et des rivières, ou partout ailleurs,

tenant toujours en dissolution plus ou moins de substances salines, leur évaporation continuelle doit porter
constamment dans l'atmosphère de l'électricité positive. On sait aussi que les gaz en se combinant, soit
entre eux, soit avec des corps solides ou liquides,
rendent libre de l'électricité dont la nature dépend
de celle de ces corps. Lorsque les gaz abandonnent
des combinaisons, les effets sont inverses. Ainsi,
lorsque l'acide carbonique est absorbé par les feuilles
et élaboré dans leur tissu pendant le jour, l'oxigène
expulsé emporte avec lui l'électricité négative, tandis
que le carbone, ou la plante, conserve l'électricité
positive. Voilà ce qui se passe sous l'influence de la
lumière solaire ; la nuit, les effets doivent être inverses, puisque l'acide carbonique est au contraire
exhalé de la plante.

L'atmosphère et la terre sont constamment dans
deux états électriques différents ; leurs deux électricités doivent donc se combiner sans cesse dans les
couches inférieures de l'air, jusqu'à une certaine hauteur ; en rase campagne, l'expérience prouve qu'on
ne commence à trouver de l'électricité positive libre
qu'à un mètre environ au dessus du sol ; la recompo-
sition s'effectue donc jusqu'à cette hauteur quand aucune cause étrangère ne vient la troubler. Au dessus,
l'électricité doit se répandre dans l'air suivant une
loi qui dépend de la mauvaise conductibilité de ses
parties constituantes et doit varier à chaque instant, en
raison des vapeurs qui s'élèvent du sol ou qui s'a-
baissent sur la terre. L'électricité positive qui se trouve
constamment dans l'air pendant les temps sereins
augmente en intensité à mesure que l'on s'élève au
dessus du sol.

Les nuages paraissent provenir en général du mélange de deux courants d'air chargés d'humidité à des températures différentes, ou simplement de la condensation d'un excès d'humidité par un refroidissement subit. Mais quel que soit leur mode de formation, on peut aisément concevoir comment ils se chargent d'électricité, puisque nous venons de voir que, par le fait même de la vaporisation, les particules d'eau qui s'élèvent dans l'atmosphère sont chargées d'électricité positive. La terre ayant d'ailleurs elle-même un excès d'électricité négative, beaucoup de particules d'eau peuvent la partager et s'élever à l'état négatif. Lorsque les particules d'eau se réunissent pour former un nuage, l'électricité qu'elles possèdent se porte à la surface de ce nuage, et acquiert une tension d'autant plus grande que le nuage est plus dense. Ainsi les nuages peu denses et disséminés uniformément dans l'espace, comme ceux qui rembrunissent notre atmosphère pendant l'hiver, doivent être peu chargés d'électricité ; mais les nuages orageux sont ordinairement denses, isolés et d'une grande étendue ; ils se forment d'ailleurs habituellement dans les saisons chaudes, alors que l'air, parvenu au terme d'humidité extrême, abandonne, par un abaissement de température de quelques degrés, une quantité d'eau beaucoup plus grande que par un abaissement égal à une température moindre ; c'est pour ce motif que la formation des nuages orageux est plus fréquente en été qu'en hiver.

Lorsqu'il se forme un nuage, l'électricité se réunit d'abord en couches très minces à la surface de chaque globule aqueux de ce nuage. Si l'électricité est faible et que les globules soient peu rapprochés, chacun de ces globules conserve son état électrique et le nuage n'est pas orageux, bien qu'il soit plus fortement électrisé que l'air environnant. Mais si le nuage est très dense, les globules qui le composent se trouvent très rapprochés et forment une masse à peu près continue; toute leur électricité se porte alors à la surface de cette masse où elle est retenue par la pression de l'air ambiant; plus le nuage est dense et étendue, plus la charge électrique est considérable. Il peut se former ainsi des nuages chargés les uns d'électricité positive, les autres d'électricité négative. Le voisinage de deux nuages chargés d'électricités différentes produit une décharge dont la lumière constitue l'*éclair*; le bruit qui accompagne cet éclair est le *tonnerre*.

On sait que l'étincelle électrique est douée d'une vitesse comparable à celle de la lumière qui ferait près de huit fois le tour de la terre en une seconde. Ainsi, dès que nous voyons un éclair, son effet est produit; nulle précaution ne serait plus capable de nous en préserver.

Nous n'entrerons pas ici dans l'examen du mode de propagation et des effets de la foudre : ces effets sont si nombreux, si variés, parfois si singuliers; ils confirment et contredisent alternativement si fréquemment et si formellement l'opinion vulgaire, que pour essayer de débrouiller le chaos qu'ils présentent, il est nécessaire de leur consacrer un article spécial.

Plusieurs des explications précédentes ne sont point nouvelles. Mais il n'est peut-être pas inutile de rappeler de temps en temps à notre souvenir des connaissances que la multiplicité de nos occupations nous fait souvent perdre de vue, et rend ainsi de plus en plus confuses. En revoyant d'ailleurs les choses que l'on connaissait le mieux, elles se présentent souvent sous un jour nouveau qui fait ressortir des conséquences utiles ou des beautés agréables ; et peut-être n'est-il pas un seul d'entre nous qui n'entende toujours avec plaisir réciter quelques passages d'Ovide ou de Virgile, ou mieux encore l'une de ces fables si profondément philosophiques de notre inimitable Lafontaine.

La science à laquelle nous venons de consacrer cette lecture, commence à prendre un caractère imposant par la masse des faits qu'elle a recueillis et rattachés aux grandes lois de la nature ; et, d'après l'opinion de l'une des plus grandes autorités de notre époque, les observations météorologiques modernes nous révéleront un jour ce que dans chaque contrée, chaque année, chaque saison, on doit attendre de jours chauds et froids, sereins ou pluvieux, calmes ou agités par les vents, avec d'utiles prescriptions pour les cultures, les récoltes, les travaux publics, les transports de subsistances, les voyages, l'hygiène publique, enfin tout ce qui concerne les mille rapports du climat avec l'homme.

Reims, Impr. de P. Regnier.